ial
BEI GRIN MACHT SICH IHR WISSEN BEZAHLT

- Wir veröffentlichen Ihre Hausarbeit, Bachelor- und Masterarbeit

- Ihr eigenes eBook und Buch - weltweit in allen wichtigen Shops

- Verdienen Sie an jedem Verkauf

Jetzt bei www.GRIN.com hochladen und kostenlos publizieren

GRIN

Bibliografische Information der Deutschen Nationalbibliothek:

Die Deutsche Bibliothek verzeichnet diese Publikation in der Deutschen National-
bibliografie; detaillierte bibliografische Daten sind im Internet über http://dnb.d-
nb.de/ abrufbar.

Dieses Werk sowie alle darin enthaltenen einzelnen Beiträge und Abbildungen
sind urheberrechtlich geschützt. Jede Verwertung, die nicht ausdrücklich vom
Urheberrechtsschutz zugelassen ist, bedarf der vorherigen Zustimmung des Verla-
ges. Das gilt insbesondere für Vervielfältigungen, Bearbeitungen, Übersetzungen,
Mikroverfilmungen, Auswertungen durch Datenbanken und für die Einspeicherung
und Verarbeitung in elektronische Systeme. Alle Rechte, auch die des auszugsweisen
Nachdrucks, der fotomechanischen Wiedergabe (einschließlich Mikrokopie) sowie
der Auswertung durch Datenbanken oder ähnliche Einrichtungen, vorbehalten.

Impressum:

Copyright © 2001 GRIN Verlag, Open Publishing GmbH
Druck und Bindung: Books on Demand GmbH, Norderstedt Germany
ISBN: 978-3-668-10519-5

Dieses Buch bei GRIN:

http://www.grin.com/de/e-book/3345/betrieb-und-instandhaltung-von-wasserrohr-
netzen

Daniel Engers

Betrieb und Instandhaltung von Wasserrohrnetzen

GRIN Verlag

GRIN - Your knowledge has value

Der GRIN Verlag publiziert seit 1998 wissenschaftliche Arbeiten von Studenten, Hochschullehrern und anderen Akademikern als eBook und gedrucktes Buch. Die Verlagswebsite www.grin.com ist die ideale Plattform zur Veröffentlichung von Hausarbeiten, Abschlussarbeiten, wissenschaftlichen Aufsätzen, Dissertationen und Fachbüchern.

Besuchen Sie uns im Internet:

http://www.grin.com/

http://www.facebook.com/grincom

http://www.twitter.com/grin_com

Seminararbeit

Betrieb und Instandhaltung von Wasserrohrnetzen

Daniel Engers

16. Februar 2001

Inhaltsverzeichnis

1 Einleitung

Das Thema „Betrieb und Instandhaltung von Wasserrohrnetzen" ist für Wasserversorgungsunternehmen (WVU) ein sehr zentrales, wenn nicht das zentrale Thema überhaupt. Die Aufgabe der Versorgungsunternehmen besteht in der Versorgung der Bevölkerung mit Trinkwasser, an das durch Gesetze und andere Vorschriften Anforderungen gestellt werden. Um diesen Anforderungen gerecht werden zu können, bedarf es vor allem eines intakten und leistungsfähigen Rohrnetzes.

Da die Rohrnetze keineswegs eine homogene Struktur wie andere Bauwerke haben und teilweise eine sehr verschiedene Altersstruktur besitzen, ergeben sich daraus zwangsläufig Probleme für den Betrieb der Netze.

Diese Ausarbeitung soll einen Überblick über die aus der Überalterung und der Heterogenität der Rohrnetze für die Wasserversorgungsunternehmen entstehenden Probleme und den Umgang mit ihnen geben.

2 Grundlagen

2.1 Definitionen

Betrieb Nach DIN 32541 [18] wird er definiert als „Gesamtheit aller Tätigkeiten, die an Maschinen und vergleichbaren technischen Arbeitsmitteln von der Übernahme bis zur Ausmusterung ausgeübt werden". Er ist in der Wasserversorgung allerdings kein fest definierter Begriff, sondern fasst als Oberbegriff die Instandhaltung der Rohrnetze (in Abgrenzung zur Wassergewinnung und Aufbereitung) sowie die Bearbeitung der technischen Angelegenheiten von Planung und Herstellung zusammen.

Instandhaltung Maßnahmen zur Bewahrung und Wiederherstellung des Sollzustandes sowie zur Feststellung und Beurteilung des Istzustandes von technischen Mitteln eines Systems (DIN 31051). Sie wird untergliedert in die Segmente Inspektion, Wartung und Instandsetzung (Abbildung 1).

Inspektion Maßnahmen zur Feststellung und Beurteilung des Istzustandes von technischen Mitteln eines Systems. (DIN 31051)

Wartung Maßnahmen zur Bewahrung des Sollzustandes von technischen Mitteln eines Systems. (DIN 31051)

Instandsetzung Maßnahmen zur Wiederherstellung des Sollzustandes von technischen Mitteln eines Systems. (DIN 31051)

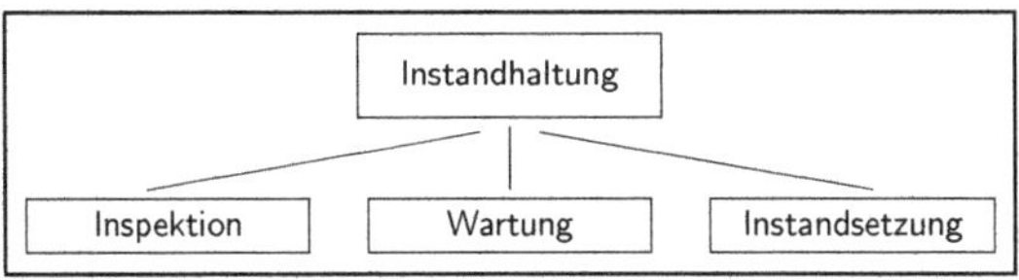

Abbildung 1: Instandhaltung nach DIN 31051

2.2 Instandhaltungsstrategien

Prinzipiell ist zwischen verschiedenen Instandhaltungsstrategien zu unterscheiden (Tabelle 1). Die Inspektionsstrategie ist langfristig gesehen die effektivste Strategie. Sie basiert auf einer detaillierten Schadensanalyse mit der Schadensstatistik als Ergebnis, deren Anlage sich jedoch trotz des Mehraufwandes bei der Erstellung lohnt. Nur so können Entscheidungen auf objektiver Basis getroffen werden. Hilfen dazu sind in [16] und [17] gegeben.

Die Entscheidung zu einer Sanierung oder gar einer Erneuerung wird allerdings keineswegs nur durch die Schadensstatistik, sondern vielmehr durch wirtschaftliche und organisatorische Erwägungen getroffen. Z.B. bietet sich häufig die Gelegenheit, im Zuge von größeren Bauarbeiten anderer Firmen an Straßenzügen eine Erneuerung eines Leitungsstranges durchzuführen, obwohl technisch gesehen die Lebensdauer noch nicht abgelaufen wäre.

Strategie	Aktion	Folgen
Ausfallstrategie	nur Reparaturen	- steigende Schadensraten - sinkende Qualität - hohes Rohrnetzalter
Präventivstrategie	zeitorientierte Erneuerung	- wenig Reparaturen - hoher Standard - hohe Investitionen
Inspektionsstrategie	zustandsorientierte Auswechslung / Sanierung	- begrenzte Ausfälle - Berücksichtigung örtlicher Schäden - angepasster Aufwand

Tabelle 1: Instandhaltungsstrategien

2.3 Lebensdauer

Wenn von der Lebensdauer (Nutzungsdauer) eines Rohres gesprochen wird, ist zwischen der technischen und der betriebswirtschaftlichen Nutzungsdauer zu unterscheiden.

Die *betriebswirtschaftliche Nutzungsdauer* ist einfach mit Hilfe der gesetzlichen Abschreibungsregelungen zu beschreiben. Häufig ist es wirtschaftlich sinnvoll, die Anlagen darüber hinaus noch weiter zu betreiben. Ohne eine planvolle Strategie würden die Anlagen dann bis zu ihrer *technischen Nutzungsdauer* weiter betrieben. Diese ist nicht nur vom Verschleiß, sondern auch von anderen Randbedingungen (z.B. sich verändernden Normen) abhängig und damit keine feste Größe. In der Praxis werden hierfür im Durchschnitt 80-120 Jahre angenommen.

Entscheidend für die Beurteilung des Instandhaltungsbedarfs sollte allerdings nicht das Alter der Rohre, sondern der tatsächliche Zustand der Rohre sein.

2.4 Randbedingungen

2.4.1 Rohrnetzbetreiber

Für die WVU als Rohrnetzbetreiber müssen einige grundlegende Randbedingungen betrachtet werden.

Die öffentliche Trinkwasserversorgung gehört zum Bereich der Daseinsvorsorge. Damit obliegt den Kommunen die Pflicht, die zur Trinkwasserversorgung notwendigen Einrichtungen zu errichten und zu unterhalten [1]. Dazu können die WVU auch Aufgaben mit anderen Unternehmen zusammen erfüllen bzw. an andere Unternehmen weitergeben.

Um im Schadensfall angemessen und insbesondere zügig reagieren zu können, müssen die notwendigen Betriebsmittel (Fahrzeuge, Geräte, Werkzeuge usw.) in ausreichender Menge vorgehalten werden. Hierbei wie auch bei der Inspektion ist die Zusammenarbeit mit Fremdfirmen gut möglich. Dem WVU obliegt dann die Organisation und Überwachung der durchzuführenden Maßnahmen.

In Deutschland gibt es ca. 6700 WVU [1]. So vielfältig wie die Unternehmen sind auch die Eigenschaften der jeweiligen Versorgungsgebiete. Jedes Versorgungsgebiet hat seine eigenen Randbedingungen und Charakteristika und ist individuell zu betrachten und zu beurteilen. In diesem Zusammenhang sind auch die Erfahrungen und Kenntnisse der älteren Mitarbeiter der WVU über das jeweilige Rohrnetz für die Unternehmen von sehr wichtiger, oftmals entscheidender Bedeutung.

Die *Organisationsformen* der WVU sind sehr vielfältig[1]:

- Organisationsformen des öffentlichen Rechts

    - Regiebetrieb
    - Eigenbetrieb
    - Zweckverband
    - Wasser- und Bodenverband

- Organisationsformen des Privatrechts

    - Kapitalgesellschaft
    - sonstige Formen, z.B. Betreibermodelle, Consulting-Modelle

Die WVU haben nach DIN 2000 die *Aufgabe*, Trinkwasser jederzeit in der geforderten Qualität, in ausreichender Menge und mit ausreichendem Druck an jeder Übergabestelle der Bevölkerung (unter Beachtung der gesetzlichen Vorschriften) zur Verfügung zu stellen. Auch die Notversorgung muss gesichert sein.

---

[1] Auf die Organisationsformen wird hier nicht weiter eingegangen. Sie werden im einzelnen in [1] erläutert.

2.4.2 Rohrnetze

Bestandteile eines Rohrnetzes:

- Rohrleitungen (inkl. Formstücke für Krümmungen, Abzweigungen und Querschnittsänderungen)

- Armaturen (z.B. Absperr- und Regelvorrichtungen, Rückflussverhinderer, Ventile, Be- und Entlüftungen, Spülauslässe, Entleerungsvorrichtungen, Einlaufvorrichtungen, Hydranten)

- Einbauteile, sofern für die Bedienung der Leitung notwendig (z.B. Schachtdeckel, Entlüftungsrohre, Hinweisschilder)

Kennzeichen eines Rohrnetzes:

- schlechte Zugänglichkeit bzw. keine Zugangsmöglichkeit und keine Begehbarkeit wegen geringer Durchmesser

- die Netze sind geschlossen und vermascht

- hohe Komplexizität durch die Vermaschung

- es herrscht Druckabfluß

- es gibt keine Sonderbauwerke, dafür aber viele Armaturen

- bei größeren Leckagen hohes Gefährdungspotenzial durch Ausspülungen von Boden und damit Verlust der Standfestigkeit

- sehr große Heterogenität von Material, Technik der Armaturen und Verlegungsarbeiten sowie der umgebenden Böden

Auf den letzten Punkt sollte besonderen Wert gelegt werden, da er für die Beurteilung der Netze (und auch der Schäden und notwendiger Maßnahmen) durch die WVU sehr wichtig ist.

Die Wasserrohrnetze (Gesamtlänge ca. 476.190 km [4]) der Bundesrepublik Deutschland sind teilweise schon über 100 Jahre alt. Die einzelnen Netzerweiterungen wurden in den verschiedenen Zeiten mit verschiedensten Randbedingungen geplant, erweitert und gebaut. Es ist ersichtlich, dass durch Veränderungen der verwendeten Rohr- und Armaturmaterialien, der Armaturentechnik und der Bauweisen (Verlegearten und -techniken) bis heute eine äußerst heterogene Struktur der Rohrnetze entstanden ist.

Eine Zusammenstellung der Rohrmaterialien und deren wichtigste Eigenschaften ist in Tabelle 2 aufgeführt.

Schäden

Bei der Vielzahl von Materialien treten verständlicherweise auch die verschiedensten Schadensarten auf. Sie sollen hier nur generell katalogisiert und nicht im einzelnen behandelt werden.

Unabhängig von innerer sowie äußerer Belastung kann *Korrosion* auftreten, wobei Stärke und Geschwindigkeit insbesondere von der chemischen Zusammensetzung des umgebenden Bodens und der Grundwasserverhältnisse abhängen.

Werkstoff		Kurzbz.	Eigenschaften[a]
Gußeisen	Grauguß	GG	- lamellenartige Graphiteinlagerungen im Metall - gute mechanische Festigkeit - hohe Korrosionsbeständigkeit - wird heute nicht mehr verwendet
	duktiler Guß	GGG	- kugelförmige Graphiteinlagerungen im Metall - sehr hohe Zugfestigkeit - hohes Formänderungsvermögen - leichter als GG-Rohre - größerer Durchfluss im Vergleich zu GG-Rohren - Korrosionsschutz notwendig (Innen- bzw. Außenschutz)
Stahl		St	- elastisch - bruchsicher - hohe Festigkeit - schweißbar, d.h. Endlosleitungen sind leicht herstellbar - häufig für Fernwasserleitungen verwendet - korrosionsempfindlich
Asbest-(Faser-)zement		AZ / FZ	- ausreichende Festigkeiten - hydraulisch fast glatt - kaum Inkrustrationen - gutes korrosives Verhalten - besondere Vorschriften sind zu beachten (Arbeitsschutz)
Stahl-/Spannbeton		SpB	- für große Durchmesser sinnvoll (i.d.R. > DN 500)
Kunststoff		PE	- Ausführungen weich (PE-LD) und hart (PE-HD) - kleine Durchmesser (i.d.R. < DN 300) - sehr leicht und biegsam - dehnbar, daher frostsicher - hohe Abriebfestigkeit - hydraulisch nahezu glatt - widerstandsfähig gegen Säuren - empfindlich gegen Öle und Fette - hauptsächlich für Anschlußleitungen verwendet - grabenlose Verlegung möglich
		PVC	- Ausführung nur hart (PVC-U) - relativ kleine Durchmesser (i.d.R. < DN 400) - sehr leicht - in größeren Längen biegsam - Sprödigkeit bei Kälte, d.h. Verlegung nicht im Winter - hohe Abriebfestigkeit - hydraulisch nahezu glatt - sehr widerstandsfähig gegen Säuren - grabenlose Verlegung möglich
Glasfaserkunststoff		UP-GF	- hohe Stabilität - unempfindlich gegen Frost und höhere Temperaturen - glatte Rohrinnenfläche (k=0,01 mm) - inkrustrationsfrei - korrosionsbeständig

[a]für weitergehende Informationen siehe [1]

Tabelle 2: Rohrmaterialien und ihre wichtigsten Eigenschaften

Im Fall der Korrosion wird der Zustand des Rohrmaterials so verändert, dass die Belastbarkeit der Rohre abnimmt und früher oder später zerstört wird und zu einer Leckage führt. Aus diesem Grund sind Rohre aus korrosionsgefährdeten Werkstoffen (insbesondere die Metalle) mit einem Korrosionsschutz (aktiv oder passiv) zu versehen. „Das Wissen, in welchem Ausmaß der Rohrwerkstoff und der passive Korrosionsschutz zerstört wird, ist wichtigste Voraussetzung für die sachgemäße Planung zukünftiger Erneuerungen bzw. für langfristig geplante Reinigungs- und Auskleidearbeiten." [3], S. 11, 1. Absatz

Die zweite Gruppe der Schäden sind die *mechanisch verursachten Schäden*, wozu auch die Temperaturschäden (Frost) zählen. Solche Schäden sind durch eine mechanisch bedingte Zerstörung des Rohrmantels gekennzeichnet und können verschiedenste Ursachen haben. Hier seien nur einige Ursachen beispielhaft genannt:

- Wurzeleinwuchs; besonders die Stöße und Verbindungen der Rohre sind hierdurch gefährdet

- innere Belastungen wie ungewollt auftretende Druckstöße oder Druckzunahmen, für die die Rohre nicht bemessen wurden

- Frost (Kälte von außen, Kälte von innen)

- Bodenbewegungen (insbesondere bei quellfähigen Böden)

- mangelhafte Bauausführung

- unachtsam durchgeführte Bauausführungen an anderen Leitungstrassen (Bagger usw.) bzw. häufig unbekannte genaue Lage der Wasserrohrtrassen

- Alterung und damit verbundene Materialermüdung

Eine vollständige Darstellung und Erläuterung der Schadensarten ist in [3] zu finden.

3 Rohrnetzbetrieb

Die Trinkwasserversorgung zu sichern ist die Hauptaufgabe der WVU. Dem gegenüber steht jedoch das Unternehmensziel, Gewinn zu erwirtschaften. Die WVU stehen also ständig im Spannungsfeld zwischen dem Einsatz eines minimalen Aufwandes für die betrieblichen Aufgaben und der Erreichung einer maximalen Versorgungsqualität und -sicherheit. Hier liegt das Kernproblem des Rohrnetzbetriebes, die Effizienz[2].

Der Rohrnetzbetrieb ist eine Teilaufgabe der WVU, wenn auch eine sehr zentrale. Schwierigkeiten hierbei bereiten insbesondere die auftretenden Schäden am Rohrnetz, weil mit ihnen so gut wie immer Wasserverluste (siehe Abschnitt 3.1) auftreten und häufig (insbesondere bei größeren Schäden) auch eine Beeinträchtigung der Versorgungsqualität einher geht. Es gilt, die Schäden möglichst gering zu halten, bzw. sie durch geeignetes Instandhaltungsmanagement zu vermeiden. Ganz ausschließen lassen sich Schäden jedoch auch mit dem besten Management nicht.

---

[2]Dieser Themenkomplex wird in [6] ausführlich behandelt.

3.1 Technische Aspekte

Wasserverluste

Wasserverluste (Q_V) werden im DVGW-Merkblatt W 391 definiert als der Anteil des in die Verteilungsanlage eingespeisten Wasservolumens, dessen Verbleib im einzelnen volumenmäßig nicht erfasst wird und zum Teil verloren geht [14]. Nach der Definition der IWA (International Water Assosiation) werden die Wasserverluste unterteilt in reale (tatsächliche, echte) und administrative (scheinbare, unechte) Wasserverluste [5],[6].

reale Verluste (Q_{VR}, real losses) entstehen im Rohrnetz durch Leckagen an Rohrleitungen, Armaturen, Flanschen, Muffen und Aufbereitungsanlagen. Sie können ermittelt werden und stellen eine bedeutende potenziell verwertbare Wasserresource dar.

administrative Verluste (Q_{VS}, apparent losses) entstehen durch Meßungenauigkeiten der Produktionsmengen, Ungenauigkeiten der Wasserzähler, Messfehler und unkontrollierte Entnahmen (hierzu zählt auch Diebstahl). Auch Wassermengen, die kleiner sind als die Anlaufgrenze der Zähler (Schleichverluste) und somit nicht erfasst werden, gehören zu den scheinbaren Verlusten. Scheinbare Verluste werden in der Praxis nicht gemessen sondern abgeschätzt und sind somit Teil des allgemeinen Verbrauchs.

Häufig werden die Wasserverluste als Anteil an der Gesamtproduktionsmenge Trinkwasser angegeben. Diese Angabe eignet sich jedoch nicht, um objektive Beurteilungen vornehmen zu können. Da die Rohrnetze die Hauptverursacher der Wasserverluste sind, wurde der *spezifische Wasserverlust* (q_V) eingeführt, wodurch die Wasserverluste auf die Rohrnetzlängen (l) bezogen werden. Somit existiert ein für Vergleiche geeigneter Kennwert, der nach der folgenden Formel berechnet wird:

$$q_V = \frac{Q_V}{8760 \cdot l} \quad \left[\frac{m^3}{h \cdot km} \right]$$

Richtwerte für q_V werden in Abhängigkeit von der Bodenart (unabhängig vom Alter der Leitungen!) im DVGW-Hinweis W 391 [14] angegeben.

3.1.1 Zustandsanalyse

Um vorausschauend planvoll agieren zu können, muss dem WVU der technische Zustand des Rohrnetzes inklusive seiner Einbauten bekannt sein. Dies ist gerade in den letzten Jahren immer stärker in das Bewusstsein der WVU gerückt und hat in Bezug auf die Minimierung der Wasserverluste zunehmend an Bedeutung gewonnen.

Alle technischen Anlagen unterliegen dem Verschleiß und der Alterung. Deshalb ist es wichtig, den aktuellen technischen Zustand des Netzes zu kennen.

Trotz der scharfen Trennung in Abschnitt 2.1 sind die Sparten Inspektion, Wartung und Instandsetzung in der Praxis nicht immer scharf voneinander zu trennen und gehen fließend ineinander über.

Inspektionen dienen der Zustandsermittlung und sollen regelmäßig durchgeführt werden. Während bei der Inspektion der momentane Zustand des Rohrnetzes nur erfasst wird, wird er durch Wartungungsmaßnahmen erhalten. In der Praxis werden häufig beide Vorgänge miteinander gekoppelt, so dass nur ein Arbeitsgang zur Erledigung beider Aufgaben notwendig ist.

Sinnvolle Inspektions- und Wartungsintervalle sind in Tabelle 3 dargestellt. Die Inhalte der Inspektion sind in Tabelle 4, die der Wartung in Tabelle 5 aufgeführt.

Die Überprüfungen werden nach DVGW-Arbeitsblatt W 390 [13] in folgende Arten eingeteilt:

laufende Überprüfung Entspricht z.B. der kontinuierlichen Erfassung von Behälterständen sowie Druck und Durchfluss. So können allerdings nur tendenzielle Veränderungen und große Leckagen erkannt werden. Detailliertere Aussagen können bei Aufteilung des Gesamtgebietes in ausreichend kleine Überwachungsgebiete, die einzeln gemessen werden, getroffen werden. Im Wesentlichen entspricht diese Überprüfungsart der Nullverbrauchsmessung bzw. der Nachtmindestverbrauchsmessung.

turnusmäßige Überprüfung Ist in Tabelle 3 dargestellt und bezieht kurzzeitige Messungen ein.

besondere Überprüfung Wird durchgeführt, wenn der Verdacht auf Leckagen auftritt (z.B. Schadenshinweise von Abnehmern wie Wasser in Kellerräumen, usw.). Hierzu kann auch die genaue Ortung von Leckstellen mit besonderen Verfahren (z.B. elektro-akustisch) gezählt werden, die nicht für die turnusmässige Überprüfung angewendet werden sollten, weil sie dann zu aufwendig und damit zu ineffizient sind.

Der hydraulische Zustand des Netzes verändert sich im Laufe der Zeit durch wachsende Rauheiten, die insbesondere durch sich bildende Ablagerungen verursacht werden. Nach etwa zehn Nutzungsjahren ist eine Veränderung messbar. Eine Beurteilung des hydraulischen Zustandes wird mit Hilfe einer Rohrnetzberechnung durchgeführt. Die Ergebnisse der Berechnung werden mit den Messungen verglichen und die Parameter iterativ angepasst, bis die Ergebnisse der Berechnung mit den Messungen übereinstimmen.

Eine grafische Darstellung der Ergebnisse in Form von Isobaren im Planwerk erlaubt leicht verständliche Aussagen über den hydraulischen Zustand des Netzes [3].

Kritische Stellen des Rohrnetzes (Stellen, die in der Zukunft möglicherweise Probleme bereiten) müssen aus der Zustandsanalyse, den bisherigen Erfahrungen und den technischen und statistischen Auswertungen der Schäden heraus abgeschätzt werden. Hier gehen auch alle Randbedingungen ein, unter denen das Rohr betrieben wird (siehe Abschnitt 2.4.2).

Verfahren und Geräte

Die Inspektionsverfahren können in zwei Hauptgruppen untergliedert werden: Verfahren zur Wasserverlustermittlung (Leckerkennung) und zur Leckortung. Hier werden nur die wichtigsten Verfahren in groben Zügen dargestellt, eine

Intervall	Inspektion und Wartung
1 Monat	- Geländeoberfläche entlang der Zubringerleitungen: · Setzungen · Wasseraustritte · Bauarbeiten in Leitungsnähe - Schächte und Bedienungshäuser: · Zustand · dichter Abschluss der Schachtdeckel und Türen · Beschädigungen - Kreuzungsbauwerke: · Wasseraustritte aus Schutzrohren · Setzungen
1/2 Jahr	-Schächte und Bedienungshäuser: · baulicher Zustand · Wasserdichtheit · Reinigung - Druckminder-, Sicherheits- und Entlüftungsventile: · Funktion · Zustand · Dichtheit - Rohrleitungen und Armaturen in Schächten: · Funktion · Zustand · Dichtheit
1 Jahr	- Abschlußorgane, Rohrbruchsicherungen: · Funktion · Zustand · Dichtheit · Gängigkeit · Stellung des Abflusses · Hinweisschilder - Druckminder-, Sicherheits- und Entlüftungsventile: · Öffnen und Reinigung - Hydranten: · Funktion · Zustand · Entleerung · Hinweisschilder · Vorhandensein von Schlüsseln und Standrohren - Rohrleitung: · Dichtheit durch Feststellen der Wasserverluste mittels Nachbeobachtung des Wasserablaufes aus Hochbehältern - Markierung der Leitung - Spülen der Rohrleitungen, mind. 1 mal jährlich (insbesondere die Neben- und Endstränge) - Straßenkappen: · Setzungen · Umpflasterung - Fördervermögen der Zubringer- und Hauptleitungen durch Druckmessungen
2 bis 3 Jahre[a]	Lecksuche durch Abhorchen oder mittels sonstiger Verfahren

[a]bzw. je nach Bedarf

Tabelle 3: Inspektions- und Wartungsintervalle

Objekt	Überwachung von
Leitungstrasse	- Zugänglichkeit und Auffindbarkeit der Anlagenteile (visuell) (z.B. Hindernisse, Auffindbarkeit, Bewuchs, Hinweisschilder) - Oberflächenwiederherstellung während der Gewährleistung - Fremdbaustellen im Bereich von Wasserleitungen
Leitungen	- Dichtheit - Wasserverlusten
Armaturen	- Funktionsfähigkeit bzw. Betriebszustand einschl. Bedienungseinrichtungen
Betriebseinrichtungen	- Funktionsfähigkeit bzw. Betriebszustand von · Messeinrichtungen · Steuer- und Regelanlagen · kathodischen Schutzeinrichtungen · Schächten, Stollen, Straßenkappen
Medium	- Erhaltung der Trinkwassergüte auf dem Transportweg (Trübungsfeststellungen, Probennahmen)

Tabelle 4: Inhalte der Inspektion

Ziel: Erhaltung der	Maßnahmen
Funktion der Anlagenteile	- Überholen, Gängigmachen, Einstellen von Armaturen - Nachstellen von Stopfbuchsen und Muffen - Überholen u. Einstellen von Mess-, Steuer- u. Regelgeräten - Zählerwechsel einschl. Prüfung (Beglaubigung, Eichung)
Betriebssicherheit d. Rohrnetzanlagen	- Beseitigung von Hindernissen auf der Leitungstrasse - Nachisolierung und Anstreichen freiliegender Leitungsteile - Winterdienst; Anlegen und Betreiben von Frostschutzeinrichtungen - Überholen von kathodischen Schutzanlagen - Sicherung der Leitung bei Arbeiten Fremder
Wassergüte auf dem Transport	- Rohrnetzspülungen - Stilllegung von nicht mehr benötigten Leitungen - Säubern von Betriebseinrichtungen (z.B. Schächte, Stollen)

Tabelle 5: Inhalte der Wartung

vollständige und genaue Erläuterung ist unter anderem in [13], [14], [15] und [7] zu finden.

- Verfahren zur Verlustermittlung

  - *Nullverbrauchsmessung*
    Hierbei wird der Zufluss in einen kleinen Netzabschnitt mit stationären Messeinrichtungen kurzzeitig gemessen. Das Prinzip der Nullverbrauchsmessung beruht auf der Erkenntnis, dass in hinreichend kleinen Messbezirken innerhalb kurzer Zeitintervalle mehrmals Nullverbräuche auftreten. Treten in 20 - 30 Minuten mindestens dreimal Nullverbräuche auf, so ist der Abschnitt als dicht zu bezeichnen. Die Messbezirke müssen natürlich abgeschiebert und die Schieber dicht schließend sein. In der Regel wird sie deshalb nur nachts durchgeführt. Sie ist das genaueste, aber auch das aufwendigste Verfahren.

  - *Nachtmindest-Verbrauchsmessung*
    Hierbei wird der Zufluss in einen kleinen Netzabschnitt in den verbrauchsarmen Zeiten kontinuierlich mit stationären oder mobilen Messeinrichtungen gemessen und eine Zuflussganglinie für den betreffenden Bereich erstellt. Die Messwerte werden mit Erfahrungswerten (Richtwerten) verglichen. Anhand eines Anstiegs der Durchschnittswerte oder einer deutlichen Überschreitung der Richtwerte können Wasserverluste erkannt werden. Außerdem dienen die Messergebnisse der Planung des Rohrnetzes (z.B. Erweiterungen).

  - *Ermittlung aus der Wassermengenbilanz*
    Dieses Verfahren sollte nicht angewendet werden, da es äußerst ungenau ist und ihm zudem ein Betrachtungszeitraum von einem Jahr zu Grunde liegt, was bedeutet, dass die Lecklaufzeiten zu lang und die Verluste viel zu hoch werden.
    Um die Trinkwasserversorgung in Ballungsgebieten zu sichern, ist es aufgrund des enorm hohen Wasserbedarfs häufig notwendig, Wasser aus anderen, weiter entfernten Regionen zuzuführen und über weite Strecken zu transportieren. Hier ist die Übersicht über den Verbleib des Wassers sehr komplex und schwierig. Die Aufstellung einer umfassenden detaillierten Wasserbilanz ist unumgänglich.

- Verfahren zur Trassensuche
  Insbesondere bei alten Rohrnetzen sind im Laufe der Zeit die Lagepläne abhanden gekommen und somit ist die genaue Lage der Trassen evtl. unbekannt. Diese muss für die erwähnten Untersuchungen allerdings bekannt sein.

  - *induktive Ortung*
    Hierbei wird eine Wechselspannungsquelle (Sender) direkt (über Armaturen) oder indirekt (die Sendeenergie wird über eine Koppelspule auf das Rohr übertragen) an das Rohr angekoppelt. Das vom Rohr erzeugte Magnetfeld kann mit dem Suchgerät (Empfänger) geortet

werden. Sie ist nur für leitende Rohrwerkstoffe geeignet. Nicht leitende Werkstoffe können durch Einbau eines Drahtes auch mit diesem Verfahren geortet werden.

- *Georadar*
  Hiermit lassen sich sowohl Leitungen als auch geologische Verhältnisse erkunden. Sende- und Empfangseinheit sind in einem Gerät untergebracht. Gemessen wird die aktuelle Position des Gerätes (GPS) und die von Leitungen und Erdreich reflektierten Radarwellen. Diese Technik ist noch sehr neu, kann aber auch Kunststoffrohre sicher orten. Die Auswertung kann grafisch zwei- oder dreidimensional erfolgen[3].

- Verfahren zur Leckortung

  - *optische Verfahren*
    Äußerlich können nur sehr kleine Netzteile optisch beurteilt werden (Außeninspektion). Möglichkeiten dazu bieten sich in der Regel nur, wenn Netzteile erneuert werden oder andere Baumaßnahmen (z.B. in Straßen) durchgeführt werden und in Folge dessen die Leitungstrassen freigelegt werden. Einfacher ist die Inspektion von Armaturen und sonstigen Einbauteilen, da nur diese in der Regel von außen zugänglich sind.
    Allerdings können Leckstellen während einer Trassenbegehung indirekt sehr grob geortet werden, und zwar, wenn ausströmendes Wasser Veränderungen an der Erdoberfläche hervorruft (z.B. Durchfeuchtung des Bodens in einem üblicherweise trockenen Bereich, ungewöhnlich üppiger Pflanzenwuchs).

  - *akustische Verfahren*
    Sie basieren wie die elektro-akustischen Verfahren auch auf der Tatsache, dass Wasser beim Austritt aus Leckstellen Geräusche in charakteristischen Frequenzbereichen erzeugt, die über die Rohrleitungen (je nach Material mehr oder weniger gut) übertragen werden und somit messbar sind.

    * direktes Abhorchen der Leitung
    * indirektes Abhorchen (Geofon)
      Die Trasse wird abgegangen und mit dem Geofon abgehört. Hier liegt auch das größte Problem des Verfahrens: Es erfordert höchste Konzentration und viel Erfahrung, die Geräusche wahrzunehmen und richtig zu deuten. Das Abhören kann nur nachts sinnvoll durchgeführt werden, da weniger Nebengeräusche auftreten. Zudem muss die genaue Trassenführung bekannt sein.
    * Schallpegelmessverfahren
      Über eine kurze Messzeit schalten sich an Armaturen oder Leitungen befestigte Mikrofone automatisch ein (meist nachts) und messen gleichzeitig die Schallpegel und deren Häufigkeit. So kann

---

[3]für weitergehende Informationen siehe [8]

durch eine (spätere) Auswertung eine Leckstelle ungefähr ermittelt werden. Um zuverlässige Aussagen zu erhalten wird eine größere Anzahl Geräte benötigt. Die Leckstelle muss in jedem Fall mit anderen Verfahren noch genau geortet werden.

– *elektro-akustische Verfahren*
Sie sind eine Weiterentwicklung der akustischen Verfahren. Die akustischen Signale werden elektronisch aufbereitet (verstärkt, gefiltert und dargestellt), so dass die Messergebnisse besser als bei den rein akustischen Verfahren zu interpretieren sind.
Das *Korrelations-Verfahren* ist mittlerweile das Leckortugnsverfahren schlechthin. Hierbei werden die Laufzeitunterschiede der Schallwellen analysiert und daraus die Lage der Leckstelle ermittelt. Gemessen wird gleichzeitig an zwei benachbarten Armaturen eines Leitungsstranges. Die Trassenlänge zwischen den Messstellen und die Schallgeschwindigkeit müssen außerdem bekannt sein. Die Ergebnisse sind, da sie nur noch geringer Interpretation bedürfen, aussagekräftig.

– *Differenzdruckmessung*
Hiermit werden einzelne Leitungen untersucht. Dazu sind direkte Ankoppelstellen notwendig. Es werden zwei Methoden unterschieden:

  * Über Ankoppelstellen (z.B. Hydranten) werden die Druckmessgeräte an die Leitung angeschlossen und die Schieber geschlossen. Die Drücke werden nach Aufbringen von Überdruck gemessen und daraus die Leckstelle bestimmt.

  * Genauer ist die Messung mit Molchen. Der Lecksuchmolch unterteilt die Leitung in zwei voneinander unabhängige Teile und erzeugt einen statischen Druck auf die Leitung. Gleichzeitig misst er während seiner Durchfahrung der Leitung den durch das Leck entstehenden Druckabfall und sendet die Leckrichtungsanzeige an den Empfänger. Das größte Problem liegt in der Öffnung der Leitung an zwei Seiten. Weiterhin lässt sich diese Methode nur in Leitungen größeren Durchmessers anwenden (Fernleitungen).

– *Tracergas-Technik*
Hierbei wird dem Wasser ein Spürgas zugegeben, das mit Hilfe von Bohrungen entlang der Trasse nachgewiesen wird. Die Anwendung ist sehr selten, weil der Erfolg von der Witterung abhängig und der allgemeine Aufwand sehr hoch ist.

3.1.2 Instandsetzung

Nach DVGW-Hinweis W 401 [17] wird die Instandsetzung in Reparatur und
Rehabilitation, diese wiederum in Sanierung und Erneuerung unterteilt (siehe
Abbildung 2).

Reparatur Ereignisbezogen, bezieht sich nur auf die einzelne Schadensstelle.

Sanierung Hierbei wird die Funktionstüchtigkeit eines ganzen betroffenen Lei-
tungsstücks durch eventuelle größere Maßnahmen wieder hergestellt (z.B.
Relining-Verfahren, ZM-Auskleidung). Ziel ist die Erhaltung der Leitung
und im Hinblick auf die technische Beurteilung die Schaffung einer neu-
wertigen Leitung.

Erneuerung Leitungen werden in den vorhandenen Trassen neu verlegt oder es
werden neue Trassen gelegt und die alten Leitungen einfach stillgelegt. Es
existiert eine Vielzahl von Verfahren; die alten Leitungen bleiben je nach
Verfahren entweder im Erdreich oder werden entfernt. Als Bauverfahren
findet (in Abhängigkeit von den geologischen Verhältnissen) immer mehr
die grabenlose Verlegung Anwendung, nicht zuletzt wegen der geringeren
Kosten.

Einige Verfahren sollen hier nur aufgelistet werden:

- Sanierung
  - Dichten von Muffen von innen und außen (Manschetten, Schweißen
    bei Stahl)
  - Auskleiden von Rohren (mit vorangehender Rohrreinigung)
    * passiver Korrosionsschutz (z.B. Relining, ZM-Auskleidung)
    * aktiver Korrosionsschutz (z.B. kathodischer Korrosionsschutz,
      ZM-Auskleidung in Stahlrohren)
- Erneuerung[4]
  - geschlossene Bauweise
    * neue Leitung in neuer Trasse
    * neue Leitung in alter Trasse
  - offene Bauweise

Die Inhalte der Instandsetzung sind in Tabelle 6 dargestellt. Die Auswahl der
geeignetsten Instandsetzungsart wird in Abschnitt 3.3 behandelt.

---

[4]Hierzu existiert eine Vielzahl verschiedenster Steuerungs- und Bautechniken, die hier nicht
weiter behandelt werden. Eine Zusammenstellung ist in [9] gegeben.

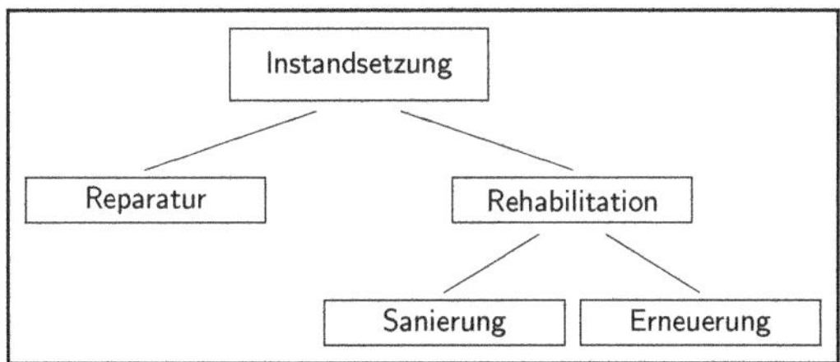

Abbildung 2: Instandsetzung nach DVGW-Hinweis W 401

Anlass	Maßnahmen
aktuell: Störungen	- Reparatur von Leitungen und Formstücken - Reparatur bzw. Auswechseln von Armaturen und Fittings - Regulierung von Straßenkappen und Schlüsselstangen - Ersetzen von Hinweisschildern - Reparatur von Mess-, Steuer- und Regelanlagen - Reparatur von kathodischen Korrosionsschutzanlagen - Beseitigung von Beeinträchtigungen der Trinkwassergüte
vorbeugend: Störungen, Leitungszustand	- Erneuerung von Leitungen - Sanierung von Leitungen (z.B. ZM-Auskleidung) - Wiederaufarbeitung von ausgebautem Material

Tabelle 6: Inhalte der Instandsetzung

3.2 Wirtschaftliche Aspekte

Der kommende Wettbewerb der Versorgungsunternehmen (VU) wird die Unternehmen unter Kostendruck setzen und deren Gewinnspannen verkleinern. Bisher war es üblich, die Versorgungssicherheit als höchstes Unternehmensziel zu betrachten. Dies wird sich demnächst vermutlich in Richtung einer Minimierung der Betriebskosten verschieben [12].

Ziel eines jeden Unternehmens muss es sein, die Aufwendungen durch geschicktes Management zu minimieren. Wirtschaftlichkeit bei konstanter Qualität der Wasserversorgung zu erreichen ist das Ziel der WVU. Das Hauptaugenmerk für die WVU liegt in dieser Hinsicht auf dem Rohrnetz, da mit ihm ca. 2/3 des Anlagevermögens unter der Erde liegen [11]. Von den jährlichen Investitionen der WVU (in Deutschland rund 5 Mrd. DM [4]) fließen 60 % in die Unterhaltung (Planung, Bau, Betrieb und Instandhaltung) der Verteilungsanlagen, 20 % in die Gewinnung und Aufbereitung, 7 % in die Speicherung und 13 % entfallen auf sonstiges [10]. Die Instandhaltung ist damit die kostenintensivste Sparte der WVU.

Die kostengünstigste Form der Instandsetzung ist auf den ersten Blick immer die ereignisbezogene Reparatur im Schadensfall, das obere Ende markiert in der Regel die Erneuerung ganzer Rohrstränge. Doch ist dies eine sehr kurze Sichtweise der Kostenabschätzung, da die Dimension Zeit und damit die Alterung der Rohre außer Acht gelassen wird.

Einnahmen erhalten die WVU nur aus den Wassermengen, die bei den Verbrauchern auch tatsächlich ankommen und dann auch abgerechnet bzw. bezahlt

werden. Bei Auftritt eines Schadens und damit verbundenen Wasserverlusten
entstehen erst einmal Kosten für die WVU, da das Wasser aufbereitet und
gefördert wird. Ihnen stehen aber direkt keine Einnahmen gegenüber, da das
Wasser, das durch Leckagen entweicht, nicht bezahlt wird. Die Kosten zu minimieren ist Aufgabe eines vorausschauenden Managements, wozu Ansätze in
Abschnitt 3.3 aufgezeigt werden.

Sinn macht dies aber nur, wenn die Kosten auch schadensbezogen ermittelt
werden bzw. die Kostenzuordnung objektbezogen ist. Nur in diesem Fall können
Einsparpotenziale erst aufgedeckt und effektiv genutzt werden.

Wird allerdings zu viel eingespart, so sind die Folgen am Netz nicht unbedingt sofort, sondern eventuell erst nach Jahren erkennbar, dann jedoch
verstärkt. Das bedeutet aber, dass kurzfristige Einsparungen an der falschen
Stelle zur momentanen Verbesserung des Unternehmensergebnisses oder des
Images nicht unbedingt und von vornherein als für das Unternehmen gut und
sinnvoll zu beurteilen sind. Für die Unternehmen ist eine kontinuierliche, weit-
sichtige und langfristige Planung gerade im Hinblick auf die Finanzen unerläss-
lich.

3.3 Empfehlungen

3.3.1 Daten

Während des Betriebes, und in besonderem Maße bei der Instandhaltung (Zustandsanalyse, Schadensbehebung) des Rohrnetzes fallen gewaltige Datenmen-
gen an. Um diese nutzen zu können, müssen die Messergebnisse, Schäden und
durchgeführten Maßnahmen dokumentiert werden. Falls keine direkte (in-time-)
Erfassung (z.B. der Messdaten) möglich ist, geschieht das am einfachsten mittels Erfassungsbögen, die möglichst einfach und eindeutig zu gestalten sind, um
Fehleintragungen zu vermeiden. Diese werden dann gesammelt, aufbereitet und
einer Datenbank zugeführt, die selbstverständlich per Rechner, idealerweise im
Netzwerk, zentral betreut wird.

Für diesen Datenpool erhält die jeweilige Abteilung Zugriffsrechte auf die
Daten, die sie benötigt. Nur so kann gewährleistet werden, dass alle Abtei-
lungen auf der Basis ein und desselben Datenbestandes ihre Entscheidungen
treffen, und dass dieser Datenbestand immer der Aktuellste ist. Dies erhöht die
Transparenz der Daten wesentlich.

Die Aufbereitung bzw. Darstellung der Rohrnetzdaten sollte leitungsbezo-
gen sein, so dass die Daten sofort anschaulich und leicht verständlich bei der Vi-
sualisierung mittels GIS zur Verfügung stehen. Unabhängig davon sollten auch
die Bestandspläne gleichzeitig auf dem aktuellsten Stand gehalten werden.

Die wichtigste Aufgabe im WVU ist die Auswertung und Beurteilung der
Daten sowie die Planung der Instandhaltung. Dies ist keineswegs so einfach,
wie es scheint, weil Wechselwirkungen zwischen Inspektion, Wartung und In-
standsetzung existieren. Zum Beispiel reduziert eine regelmäßige Inspektion und
Wartung den Instandsetzungsaufwand, während eine vorausschauend geplante
Instandsetzung auch den Wartungsumfang reduziert.

Die Bewertung erfolgt unter anderem nach wirtschaftlichen und statistischen Gesichtspunkten. Das Ergebnis der Auswertung sind Wartungs- und Arbeitspläne, die auf das WVU und das Rohrnetz zugeschnitten sind. Dies ist ein Schritt in Richtung eines Qualitätsmanagements und hilft, Fehler zu vermeiden.

3.3.2 Handlungsbedarf

In Anbetracht der knapper werdenden Finanzmittel folgt aus der zunehmenden Überalterung der bestehenden Rohrnetze in der Zukunft ein hoher Handlungsbedarf für die WVU.

Der konkrete Handlungsbedarf wird aus dem Netzzustand ermittelt. Hinweise und Anleitungen dazu gibt das DVGW-Arbeitsblatt W 401 [17]. Dies sind jedoch nur Arbeits- und Hilfsmittel, die eine Basis zur Entscheidungsfindung darstellen. Anhand von Kriterienkatalogen und Checklisten kann der Bedarf ermittelt und mit Prioritäten belegt werden. Diese Prioritätenliste ist dann für das Unternehmen maßgebend.

4 Zusammenfassung

Der Betrieb und insbesondere die Instandhaltung von Wasserrohrnetzen sind aus technischer und wirtschaftlicher Sicht betrachtet höchst komplex. Für einen verantwortungsvollen Umgang mit diesen Zusammenhängen bedarf es weitsichtiger und solider Planung. Wichtig ist die Betrachtung des Rohrnetzes in allen seinen Facetten - auch und besonders aus wirtschaftlicher Sicht. Das bedeutet im Hinblick auf auf die Instandhaltung: Vorbeugen statt reparieren.

Das Spannungsfeld zwischen der Erwirtschaftung von Gewinn und der Erreichung einer maximalen Versorgungssicherheit, in dem die WVU stehen, lässt sich nicht auflösen, aber es lässt sich managen. Zusammengefasst bedeutet dies die Gewährleistung von Qualität bei gleichzeitiger hoher Effizienz, was das Ziel jedes WVUs sein sollte.

Literatur

[1] Mutschmann, Johann; Stimmelmayr Fritz: *Taschenbuch der Wasserversorgung*. Vieweg, Braunschweig / Wiesbaden. 12. Auflage, 1999

[2] Martz, Georg: *Siedlungswasserbau (Werner-Ingenieur-Texte 17)*. Werner, Düsseldorf. 4. Auflage, 1993

[3] Böhm, Adolf: *Betrieb, Instandhaltung und Erneuerung des Wasserrohrnetzes*. Vulkan, Essen. 1993

[4] Eiswirth, Matthias: *Leckortung bei defekten Kanälen*. EP 6/2000, S. 52-57

[5] Schimeczek, Horst: *Permanente Rohrnetzüberwachung (PRÜ) - Ein Verfahren zur Früherkennung von Lecks in Wasserrohrnetzen*. gwf-Wasser/Abwasser 134 (1993), Nr. 6, S. 322-325

[6] Hirner, Wolfram: *Qualitäts- und Risikomanagement in der Wasserverteilung*. gwf-Wasser/Abwasser 141 (2000), Nr. 13, S. 20-27

[7] Heydenreich, M.: *Leckortungsmethiden in flüssigkeitsgefüllten Rohrnetzen und Leitungen*. Neue DELIWA-Zeitschrift, Heft 1/97, S. 8-14

[8] Formanski, Thorsten; Kathage, Andreas F.: *Georadartechnik und ihre Einsatzmöglichkeiten*. gwf-Gas/Erdgas 141 (2000), Nr. 4, S. 230-236

[9] Beyer, K.: *Instandsetzung und Erneuerung von Rohrleitungen - technische und wirtschaftliche Aspekte*. 3R international 34 (1995), Heft 1/2, S. 29-34

[10] Lindner, Wulf; Sattler, Robert: *Kostensenkungspotentiale in der Wasserverteilung*. wwt/awt 2/2000, S. 47-49

[11] Zeitz, K.: *Vorbeugende Instandhaltung des Rohrnetzes*. Neue DELIWA-Zeitschrift, Heft 10/94, S. 480-485

[12] Nieke, L.; Billhardt, S.: *Instandhaltung und technisches Controlling*. Energie Wasser Praxis 1/2 2000

[13] DVGW-Arbeitsblatt W 390: *Überwachen von Trinkwasserrohrnetzen*. 02/83 (wird W 392)

[14] DVGW-Merkblatt W 391: *Wasserverluste in Wasserverteilungsanlagen; Feststellung und Beurteilung*. 10/86 (wird W 392)

[15] DVGW-Hinweis W 393: *Verfahren zur Leckortung an Trinkwasseranlagen*. 06/91 (wird W 392)

[16] DVGW-Merkblatt W 395: *Schadensstatistik für Wasserrohrnetze*. 7/98

[17] DVGW-Hinweis W 401: *Entscheidungshilfen für die Rehabilitation von Wasserrohrnetzen*. 06/97

[18] DIN 32541: *Betreiben von Maschinen und vergleichbaren technische Arbeitsmitteln; Begriffe für Tätigkeiten*. 05/77

BEI GRIN MACHT SICH IHR WISSEN BEZAHLT

- Wir veröffentlichen Ihre Hausarbeit,
  Bachelor- und Masterarbeit

- Ihr eigenes eBook und Buch -
  weltweit in allen wichtigen Shops

- Verdienen Sie an jedem Verkauf

Jetzt bei www.GRIN.com hochladen
und kostenlos publizieren